Order: _____

Family: _____

Common Name: _____

Location & Date: _____

Observation Notes: _____

_____

Order: _____

Family: _____

Common Name: _____

Location & Date: _____

Observation Notes: _____

_____

Order: _____

Family: _____

Common Name: _____

Location & Date: _____

Observation Notes: _____

_____

Order: _____

Family: _____

Common Name: _____

Location & Date: _____

Observation Notes: _____

_____

Order:

Family:

Common Name:

Location & Date:

Observation Notes:

Order:

Family:

Common Name:

Location & Date:

Observation Notes:

Order:

Family:

Common Name:

Location & Date:

Observation Notes:

Order: _____

Family: _____

Common Name: _____

Location & Date: _____

Observation Notes: _____

_____

Order: _____

Family: _____

Common Name: _____

Location & Date: _____

Observation Notes: _____

_____

Order: _____

Family: _____

Common Name: _____

Location & Date: _____

Observation Notes: _____

_____

Order:

Family:

Common Name:

Location & Date:

Observation Notes:

Order: _____

Family: _____

Common Name: _____

Location & Date: _____

Observation Notes: _____

_____

Order:

Family:

Common Name:

Location & Date:

Observation Notes:

Order: _____

Family: _____

Common Name: _____

Location & Date: _____

Observation Notes: _____

_____

Order: _____

Family: _____

Common Name: _____

Location & Date: _____

Observation Notes: _____

_____

Order: _____

Family: _____

Common Name: _____

Location & Date: _____

Observation Notes: _____

_____

Order:

Family:

Common Name:

Location & Date:

Observation Notes:

Order: _____

Family: _____

Common Name: _____

Location & Date: _____

Observation Notes: _____

_____

Order: _____

Family: _____

Common Name: _____

Location & Date: _____

Observation Notes: _____

_____

Order: _____

Family: _____

Common Name: _____

Location & Date: _____

Observation Notes: _____

_____

Order:

Family:

Common Name:

Location & Date:

Observation Notes:

Order: _____

Family: _____

Common Name: _____

Location & Date: _____

Observation Notes: _____

_____

Order: _____

Family: _____

Common Name: _____

Location & Date: _____

Observation Notes: _____

_____

Order:

Family:

Common Name:

Location & Date:

Observation Notes:

Order:

Family:

Common Name:

Location & Date:

Observation Notes:

Order:

Family:

Common Name:

Location & Date:

Observation Notes:

Order:

Family:

Common Name:

Location & Date:

Observation Notes:

Order: _____

Family: _____

Common Name: _____

Location & Date: _____

Observation Notes: _____

_____

Order: _____

Family: _____

Common Name: _____

Location & Date: _____

Observation Notes: _____

_____

Order: _____

Family: _____

Common Name: _____

Location & Date: _____

Observation Notes: _____

_____

Order: _____

Family: _____

Common Name: _____

Location & Date: _____

Observation Notes: _____

_____

Order: _____

Family: _____

Common Name: _____

Location & Date: _____

Observation Notes: _____

_____

Order: _____

Family: _____

Common Name: _____

Location & Date: _____

Observation Notes: _____

_____

Order: _____

Family: _____

Common Name: _____

Location & Date: _____

Observation Notes: _____

_____

Order: _____

Family: _____

Common Name: _____

Location & Date: _____

Observation Notes: _____

_____

Order: _____

Family: _____

Common Name: _____

Location & Date: _____

Observation Notes: _____

_____

Order: _____

Family: _____

Common Name: _____

Location & Date: _____

Observation Notes: _____

_____

Order:

Family:

Common Name:

Location & Date:

Observation Notes:

Order:

Family:

Common Name:

Location & Date:

Observation Notes:

Order: _____

Family: _____

Common Name: _____

Location & Date: _____

Observation Notes: _____

_____

Order: _____

Family: _____

Common Name: _____

Location & Date: _____

Observation Notes: _____

_____

Order: _____

Family: _____

Common Name: _____

Location & Date: _____

Observation Notes: _____

_____

Order: _____

Family: _____

Common Name: _____

Location & Date: _____

Observation Notes: _____

_____

Order: _____

Family: _____

Common Name: _____

Location & Date: _____

Observation Notes: _____

_____

Order: _____

Family: _____

Common Name: _____

Location & Date: _____

Observation Notes: _____

_____

Order: _____

Family: _____

Common Name: _____

Location & Date: _____

Observation Notes: _____

_____

Order: _____

Family: _____

Common Name: _____

Location & Date: _____

Observation Notes: _____

_____

Order: _____

Family: _____

Common Name: _____

Location & Date: _____

Observation Notes: _____

_____

Order: _____

Family: _____

Common Name: _____

Location & Date: _____

Observation Notes: _____

_____

Order: _____

Family: _____

Common Name: _____

Location & Date: _____

Observation Notes: _____

_____

Order: _____

Family: _____

Common Name: _____

Location & Date: _____

Observation Notes: _____

_____

Order: _____

Family: _____

Common Name: _____

Location & Date: _____

Observation Notes: _____

_____

Order: _____

Family: _____

Common Name: _____

Location & Date: _____

Observation Notes: _____

_____

Order: _____

Family: _____

Common Name: _____

Location & Date: _____

Observation Notes: _____

_____

Order: _____

Family: _____

Common Name: _____

Location & Date: _____

Observation Notes: _____

_____

Order:

Family:

Common Name:

Location & Date:

Observation Notes:

Order:

Family:

Common Name:

Location & Date:

Observation Notes:

Order: _____

Family: _____

Common Name: _____

Location & Date: _____

Observation Notes: _____

_____

Order:

Family:

Common Name:

Location & Date:

Observation Notes:

Order: _____

Family: _____

Common Name: _____

Location & Date: _____

Observation Notes: _____

_____

Order: _____

Family: _____

Common Name: _____

Location & Date: _____

Observation Notes: _____

_____

Order: _____

Family: _____

Common Name: _____

Location & Date: _____

Observation Notes: _____

_____

Order: _____

Family: _____

Common Name: _____

Location & Date: _____

Observation Notes: _____

_____

Order: _____

Family: _____

Common Name: _____

Location & Date: _____

Observation Notes: _____

_____

Order: _____

Family: _____

Common Name: _____

Location & Date: _____

Observation Notes: _____

_____

Order: _____

Family: _____

Common Name: _____

Location & Date: _____

Observation Notes: _____

_____

Order:

Family:

Common Name:

Location & Date:

Observation Notes:

Order: _____

Family: _____

Common Name: _____

Location & Date: _____

Observation Notes: _____

_____

Order:

Family:

Common Name:

Location & Date:

Observation Notes:

Order: _____

Family: _____

Common Name: _____

Location & Date: _____

Observation Notes: _____

_____

Order:

Family:

Common Name:

Location & Date:

Observation Notes:

Order: _____

Family: _____

Common Name: _____

Location & Date: _____

Observation Notes: _____

_____

Order: _____

Family: _____

Common Name: _____

Location & Date: _____

Observation Notes: _____

_____

Order:

Family:

Common Name:

Location & Date:

Observation Notes:

Order:

Family:

Common Name:

Location & Date:

Observation Notes:

Order: _____

Family: _____

Common Name: _____

Location & Date: _____

Observation Notes: _____

Order:

Family:

Common Name:

Location & Date:

Observation Notes:

Order: _____

Family: _____

Common Name: _____

Location & Date: _____

Observation Notes: _____

_____

Order: _____

Family: _____

Common Name: _____

Location & Date: _____

Observation Notes: _____

_____

Order: _____

Family: _____

Common Name: _____

Location & Date: _____

Observation Notes: _____

_____

Order: _____

Family: _____

Common Name: _____

Location & Date: _____

Observation Notes: _____

_____

Order: _____

Family: _____

Common Name: _____

Location & Date: _____

Observation Notes: _____

_____

Order: _____

Family: _____

Common Name: _____

Location & Date: _____

Observation Notes: _____

_____

Order: _____

Family: _____

Common Name: _____

Location & Date: _____

Observation Notes: _____

_____

Order: _____

Family: _____

Common Name: _____

Location & Date: _____

Observation Notes: _____

_____

Order: _____

Family: _____

Common Name: _____

Location & Date: _____

Observation Notes: _____

_____

Order: _____

Family: _____

Common Name: _____

Location & Date: _____

Observation Notes: _____

_____

Order: _____

Family: _____

Common Name: _____

Location & Date: _____

Observation Notes: _____

_____

Order: _____

Family: _____

Common Name: _____

Location & Date: _____

Observation Notes: _____

_____

Order: _____

Family: _____

Common Name: _____

Location & Date: _____

Observation Notes: _____

_____

Order: _____

Family: _____

Common Name: _____

Location & Date: _____

Observation Notes: _____

_____

Order: _____

Family: _____

Common Name: _____

Location & Date: _____

Observation Notes: _____

_____

Order: _____

Family: _____

Common Name: _____

Location & Date: _____

Observation Notes: _____

_____

Order: _____

Family: _____

Common Name: _____

Location & Date: _____

Observation Notes: _____

_____

Order: _____

Family: _____

Common Name: _____

Location & Date: _____

Observation Notes: _____

_____

Order: _____

Family: _____

Common Name: _____

Location & Date: _____

Observation Notes: _____

_____

Order: _____

Family: _____

Common Name: _____

Location & Date: _____

Observation Notes: _____

_____

Order: _____

Family: _____

Common Name: _____

Location & Date: _____

Observation Notes: _____

_____

Order: _____

Family: _____

Common Name: _____

Location & Date: _____

Observation Notes: _____

_____

Order:

Family:

Common Name:

Location & Date:

Observation Notes:

Order: _____

Family: _____

Common Name: _____

Location & Date: _____

Observation Notes: _____

_____

Order: _____

Family: _____

Common Name: _____

Location & Date: _____

Observation Notes: _____

_____

Order: _____

Family: _____

Common Name: _____

Location & Date: _____

Observation Notes: _____

_____

Order: _____

Family: _____

Common Name: _____

Location & Date: _____

Observation Notes: _____

_____

Order: _____

Family: _____

Common Name: _____

Location & Date: _____

Observation Notes: _____

_____

Order: _____

Family: _____

Common Name: _____

Location & Date: _____

Observation Notes: _____

_____

Order: _____

Family: _____

Common Name: _____

Location & Date: _____

Observation Notes: _____

_____

Order: _____

Family: _____

Common Name: _____

Location & Date: _____

Observation Notes: _____

_____

Order: _____

Family: _____

Common Name: _____

Location & Date: _____

Observation Notes: _____

_____

Order: _____

Family: _____

Common Name: _____

Location & Date: _____

Observation Notes: _____

_____

Order:

Family:

Common Name:

Location & Date:

Observation Notes:

Order: _____

Family: _____

Common Name: _____

Location & Date: _____

Observation Notes: _____

_____

Order: _____

Family: _____

Common Name: _____

Location & Date: _____

Observation Notes: _____

_____

Order: _____

Family: _____

Common Name: _____

Location & Date: _____

Observation Notes: _____

_____

Order: _____

Family: _____

Common Name: _____

Location & Date: _____

Observation Notes: _____

_____

Order:

Family:

Common Name:

Location & Date:

Observation Notes:

Order:

Family:

Common Name:

Location & Date:

Observation Notes:

Order:

Family:

Common Name:

Location & Date:

Observation Notes:

Order: _____

Family: _____

Common Name: _____

Location & Date: _____

Observation Notes: _____

_____

Order:

Family:

Common Name:

Location & Date:

Observation Notes:

Made in the USA
Las Vegas, NV
14 December 2021